NOUVELLE MÉTHODE

DE CULTURE INTENSIVE

A L'USAGE

DU ROSIER

NOUVELLE MÉTHODE

DE CULTURE INTENSIVE

A L'USAGE

DU ROSIER

PAR PICARD

HORTICULTEUR A LYON

Editée par M. PIERRASSON

7, Grand'Rue de la Guillotière, 7

OUVRAGE ADMIS A L'EXPOSITION UNIVERSELLE DE LYON

PRIX : 1 FRANC

LYON

Imp. Coste-Labaume, cours Lafayette, 5

1872

Reproduction d'un Rosier Jules Margottin au quart
de grandeur naturelle

NOUVELLE MÉTHODE

DE CULTURE INTENSIVE

A L'USAGE

DU ROSIER

Par PICARD

HORTICULTEUR

————— ⋖⋗ —————

AVANT-PROPOS

Il est établi que dans la nature tout est relatif. L'homme, éloigné des conditions d'hygiène créées par la présence du règne végétal, est dans un état incomplet ; aussi, voyez avec quelle avidité nous cherchons à rétablir l'équilibre quand nous en sommes privés.

Si nous en possédons les moyens, nous faisons des excursions à la campagne, et souvent nous y établissons des pied-à-terre pour jouir plus longtemps, pendant la belle saison, des magnifiques conditions harmoniques de cet état naturel.

L'humble artisan orne sa fenêtre de plante et les cultive dans les loisirs que lui laisse son travail. Enfin, dans tous les cas, nous sommes heureux de rétablir l'équilibre de cette privation.

Les horticulteurs ayant compris ces besoins ont cherché à les satisfaire en étudiant et appliquant à la culture des principes raisonnés, et leurs efforts couronnés de succès ont fait faire à l'horticulture des progrès rapides dans tous les genres de produits relatifs à cet art.

Les fleurs principalement ont vu s'augmenter le nombre de leurs variétés et la beauté de leurs formes sous l'heureuse influence des méthodes nouvelles de culture qui, basées sur les découvertes scientifiques les plus récentes, ont permis aux horticulteurs de produire de plus beaux spécimens; et en vulgarisant ces produits, en développer le goût, le perpétuer et les rendre accessibles à tout le monde en abaissant les prix.

A la satisfaction générale de tous les intéressés, la possession des fleurs est devenue un véritable besoin qui a tellement pénétré dans nos mœurs, qu'il paraît presque ridicule aujourd'hui de ne pas s'offrir des fleurs dans les moments de félicité de la vie.

L'enfant nouveau-né est bercé dans les fleurs à l'occasion de son baptême, la jeune mariée ceint son front d'une couronne de fleurs; l'artisan voit sa famille autour de lui chaque année, lui présenter à l'occasion de sa fête le bouquet traditionnel.

Les privilégiés de la fortune font garnir leurs salons des fleurs les plus recherchées et étalent, devant ces déesses de Flore, les produits merveilleux de notre industrie, qui parent la plus belle partie du genre humain.

En un mot, les fleurs sont aussi employées sous les formes multiples du symbole, à servir pour le suprême adieu, en ornant les tombes où elles semblent remplacer par leur vitalité ceux qui ont cessé d'exister.

L'auteur se propose de mettre à la portée de tous les horticulteurs et amateurs une méthode de culture simple et facile du rosier, qui fait le sujet de cet opuscule, où il expose les principaux faits qui servent de base à son système, dont une longue expérience a démontré l'efficacité.

Le jury du concours régional de Lyon, reconnaissant des efforts qu'il avait faits pour rendre service à l'horticulture, lui a décerné en 1869 une médaille d'argent pour lui témoigner sa vive satisfaction. (1)

Les lecteurs sont priés de tenir compte de l'article NOMEN-CLATURE des espèces propres à cette culture, où il n'est donné que d'une manière indicative et non exclusive; car la plupart de ces espèces peuvent être propices suivant la contrée où l'on se trouve; et, dans ce cas, c'est aux cultivateurs à appliquer les observations relatives à leur nature.

Toutes les personnes qui s'occupent d'horticulture savent depuis longtemps que telle espèce de rosier, donnant de beaux résultats dans le midi de la France éclora à peine dans le nord, ce qui fait que beaucoup d'établissements rejettent ces espèces qui bien souvent font défaut ailleurs.

Ensuite, les nombreux gains en semis que font chaque année les horticulteurs et amateurs, sont un empêchement à ce que cette nomenclature puisse être admise autrement que comme indication.

Beaucoup de personnes m'ont différentes fois exprimé leurs craintes au sujet de la durée des plantes soumises à mon système de traitement intensif, pensant que ce traitement pouvait les altérer. J'ai complètement dissipé ces craintes en montrant à ces personnes des rosiers que j'avais traités successivement pendant quatre années, sans que la plante en fût altérée; au

---

(1) Le lot de l'auteur se composait de 30 pieds en vases de 6 pouces, possédant en moyenne chacun 40 fleurs ou boutons, ce qui faisait un massif gracieux de 1200 fleurs.

contraire, elle acquérait chaque fois, sous l'influence de ma méthode, une vigueur inconnue dans les anciens systèmes de culture.

Quoique la culture que j'indique soit spécialement destinée au forçage, on se trouvera toujours satisfait en appliquant les principes que je trace, touchant la culture à l'air libre ; car cette méthode est basée uniquement sur l'observation des faits qui établissent la marche naturelle physiologique du règne végétal dans sa manifestation la plus intense, en ce qui concerne le rosier.

La plupart des végétaux qui ont les mêmes besoins de nutrition peuvent y être soumis avec avantage ; ce que je me propose de démontrer dans une nouvelle publication plus complète, où se trouvera relatée la classification des plantes qui peuvent être soumises à cette culture, comparativement à d'autres qui se trouvent dans des conditions opposées, résultant de leur constitution physique.

J'ai adopté dans le présent opuscule la division par chapitres comme étant plus compréhensible, car chacun d'eux contient une phase spéciale de ma méthode, avec les notions les plus claires qu'il m'a été possible d'établir.

J'espère que mes lecteurs voudront bien m'accorder une grande indulgence pour les nombreuses imperfections de style ou autres qui peuvent se trouver dans mon ouvrage ; mais tous mes efforts tendront à le perfectionner, et à le rendre digne du bienveillant accueil des amis de l'horticulture.

Je remercie d'avance toutes les personnes qui voudront bien m'encourager en me lisant.

J. PICARD.

Lyon, le 10 avril 1872.

Chapitre Premier

De l'Habillage

Il est absolument nécessaire pour la réussite de
la culture intensive , de choisir des sujets bien por-
tants (n'importe l'âge), bien aoûtés, conserver
toutes les racines, même les plus petites, en procé-
dant à l'arrachage ; ceci est indispensable. Eviter
avec soin les lésions sur le végétal , soit dans ses
branches, soit dans ses racines ; ensuite procéder à
l'habillement, ainsi nommé en terme d'horticulture,
ce qui consiste à retrancher les branches et racines
mortes du végétal en les éliminant soigneusement,
jusqu'à la partie vive ; car, si on laisse les parties
mortes sur le végétal, il se formerait un ferment pu-
trescible, capable de lui communiquer une des nombreuses maladies qui l'affectent par suite des lois de

décomposition qui régissent la nature, en donnant naissance à des végétaux cryptogamiques ; ou autrement, ces parties sèches peuvent encore créer un trouble dans le végétal par l'absorption de la sève ; car les parties sèches sont toujours avides d'humidité. Après cette opération faite avec soin, on procèdera au pralinage indiqué au chapitre suivant.

Chapitre II

Du Pralinage

L'on nomme ainsi, en horticulture, une opération qui a pour but : d'empêcher la dessiccation des végétaux que l'on reçoit souvent, venant d'être transportés à de grandes distances ; et comme il se peut que ce cas se présente dans le sujet qui nous occupe, il est toujours bon et même indispensable de procéder à cette opération, après avoir déballé les plantes que l'on vient de recevoir. Il faut également procéder à l'habillage avant de praliner ; on ne soumet habituellement à cette opération que la partie souterraine du végétal ; mais s'il était ridé dans sa partie aérienne, il faudrait le praliner entièrement et plonger la plante dans la préparation suivante, qui, par sa composition, revêt le végétal d'un enduit protecteur qui lui restitue la partie humide qu'il a perdue par son long séjour hors des conditions où il vit habituellement.

Je ne saurais trop insister sur la pratique de cette opération, même quand les plantes ne se trouvent pas dans un état aussi défectueux ; car alors, il est employé à titre préventif contre les accidents de cette nature qui pourraient plus tard arriver à la plante , principalement quand après avoir été rempotée, elle n'a pas été rentrée immédiatement dans une bâche ou une serre, ou mise en jauge au nord, à l'abri de l'insolation, ce que je conseille de faire toujours si l'abondance des travaux permet de s'en occuper. Dans ce cas, comme je l'ai dit plus haut, le pralinage est à titre préservatif ; car nous savons tous qu'un vent violent peut compromettre la reprise des plantes, ce qui arrive malheureusement trop souvent ; et si le pralinage était plus répandu, beaucoup de pertes n'auraient pas lieu.

Formule du Pralinage

	Eau	100 litres
	Colle forte brute . . .	2 k.
	Argile fine tamisée. . .	5 k.
	Bouse de vache. . . .	10 k.
	Sel de cuisine	1 k.
(1)	Suie	1 k.

---

(1) Cette composition est insecticide pour les larves de plusieurs insectes qui attaquent les racines des plantes et est, de plus, un engrais.

Faire dissoudre la colle dans l'eau et l'agiter vivement pendant un certain temps, pour que le mélange
se fasse intimément; y ajouter les autres substances;
brasser de manière à ce que les diverses parties des
différentes substances se lient avec à l'eau ; y
plonger le végétal comme il a été dit plus haut. Si la
préparation doit être appliquée à la culture à l'air
libre, on a tout à gagner en augmentant la quantité
d'eau et de colle, en y ajoutant des engrais pulvéru-
lents, tels que : poussière d'os, cornaille fine, guano,
etc., etc., dans les proportions où ces substances
s'emploient ordinairement; et, par ce moyen, le végétal trouvera une fumûre que dans beaucoup de cas,
on ne peut lui donner d'une manière aussi directe ;
car elle agit immédiatement à la formation des nouvelles racines.

Chapitre III

Du Rempotage

L'horticulteur étant obligé de suivre les caprices de la mode et des besoins du consommateur, doit restreindre, autant que faire se peut, la capacité des vases qu'il emploie pour son rempotage. Pour faciliter la vente du végétal qui servira soit aux souhaits d'une fête, soit à orner la croisée d'un amateur de fleurs, l'exiguité de l'espace dont le consommateur dispose fait une loi majeure à l'horticulteur d'employer des vases de petite dimension.

Ces observations étant posées, je passe à la partie technique du rempotage.

Comme j'ai établi dans le chapitre précédent qu'il fallait conserver toutes les racines et les contenir dans un petit vase, cela présente quelques difficultés.

Pour les tourner, il faut employer la terre composée, dans un état plutôt sec qu'humide, ce qui facilite à la terre de glisser entre les racines et de ne pas laisser de vide entre elles.

Voici comment, je procède ordinairement :

Après avoir muni mon vase d'un tesson et l'avoir mis d'aplomb, je prends mon rosier de la main gauche, au centre de sa hauteur, si c'est un rosier franc de pied ou greffé bas ; à une hauteur de 30 centimètres environ au-dessus des racines si c'est une haute tige ; puis de la main droite, je réunis les racines dans l'orifice du vase en faisant prendre une direction concentrique aux plus grosses ; et quand la totalité ou à peu près est entrée dans le vase, j'imprime de la main gauche en appuyant sur le végétal un mouvement giratoire , lequel produit naturellement la disposition en spire des racines autour du vase ; et de la main droite, je jette de temps en temps une poignée de terre dedans, pour qu'elle s'intercale au fur et à mesure entre les racines, afin qu'aucune d'elles ne soit en contact immédiat.

Avoir à sa disposition une spatule en bois, comme on l'emploie ordinairement pour faire glisser la terre entre les parois du vase et les racines, la tasser fortement pour en faire entrer le plus possible et donner un état de solidité à la plante qui se trouve comprimée par ce tassement énergique ; ce qui est une des conditions indispensables pour la réussite de cette culture. Eviter en tassant avec la spatule de briser ou blesser des racines, se méfier de l'effort élastique que les racines disposées en spires font subir au végétal en lui imprimant souvent un mouvement ascensionnel qui rejette la naissance des racines au-dessus du niveau du vase, ce qui est laid et disgracieux, attendu que, presque tous les végétaux sont munis à cet endroit d'un bourrelet résultant de la greffe ou du rabattage opéré sur la bouture ou marcotte, si c'est un franc de pied.

Assurer la verticalité et le centre en mettant la terre dans le vase et en tassant du côté opposé, s'il y a déviation. Tous ces détails peuvent paraître oiseux aux personnes à qui ces sortes de travaux sont familiers, mais, comme ils sont d'une utilité indispensable pour la bonne réussite, au risque de me répéter, je les recommande.

Chapitre IV

De la Taille

Dans le sujet qui m'occupe, je ne parlerai point des considérations qui ont fait adopter la taille périodique et régulière comme indispensable à la culture des végétaux : je ne suis point de cette opinion. Car l'application excessive de la taille a produit plus de ravages que de succès ; considérée au point de vue des lois physiologiques, c'est une mutilation contre nature qui, guidée bien souvent par le caprice et le manque de connaissances, aboutit à un résultat néfaste pour le végétal qui y est soumis.

Si je taille les rosiers dans les conditions de ma méthode, ce n'est point par besoin de fonctionnement organique, le végétal peut parfaitement s'en passer, et il aura toujours suivant sa nature de genre ou de variété, plus d'ampleur et plus de beauté; car, alors il y a fonctionnement régulier du végétal qui économise dans les parties que nous lui retranchons par la taille, les ressources de son avenir. Mais le rosier étant destiné à vivre dans un espace restreint, pour pouvoir satisfaire aux exigences de la mode, je suis forcé de le tailler dans les parties aériennes seulement.

Pour tirer de la taille tous les avantages qu'elle peut produire, dans le cas qui nous occupe, il faut bien examiner le plus ou moins de vigueur du sujet, si sa nature est prolifique, ou si elle l'est peu. Généralement, quand il y a abondance prolifique, les fleurs s'en ressentent et sont plus petites. Pour ce motif, il faut tailler court; mais si le sujet appartient à une variété de rosiers dont les branches sont pendantes, alors il faut allonger la taille. Les espèces peu prolifiques sont toujours avares de fleurs ; mais en revanche, la production de bois est plus abondante, surtout dans leur jeunesse ; c'est pourquoi il faut, dans ce cas, tailler très-long.

La culture intensive, qui a pour but de soumettre le végétal à une nutrition combinée et même exagérée, en mettant en fonction toutes les forces que sa nature comporte, n'accepte la taille qu'aux conditions prescrites plus haut. Ainsi, pour les plantes de rosiers qui seraient soumises à ma méthode, et qui ne seraient pas destinées à être vendues en vases, mais à fournir des fleurs à couper, on aura une récolte plus abondante qu'en pratiquant la taille; car l'éclosion des fleurs n'a pas lieu simultanément sur la plante, et au fur à mesure de la cueillette, la taille dans ce cas n'est que trop pratiquée, et l'équilibre de la végétation étant dérangé par cette opération, la sève se rejette sur les boutons moins avancés.

Inutile d'expliquer que, s'il me répugne de trop tailler les parties vives du végétal, je conseille une grande sévérité pour retrancher les branches mortes, excoriées ou ayant subi une atteinte quelconque qui mette leur existence en danger.

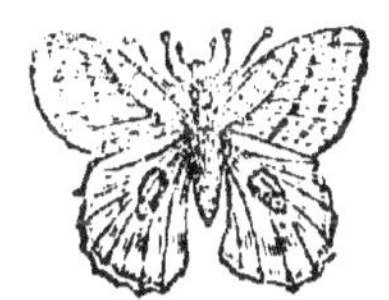

Chapitre V

De l'établissement de la Serre

La serre sera établie, autant que possible, dans un endroit légèrement abrité. La construction sera faite du nord au midi ; les châssis ou couvertures fixes seront très-peu inclinés.

Dans le cas où l'on adopterait cette dernière disposition, y ménager des vasistas en assez grand nombre pour pouvoir aérer abondamment. Les tablettes destinées à recevoir les plantes ne seront éloignées du verre qu'à proportion de la hauteur des rosiers que l'on veut cultiver.

Le sentier sera assez spacieux pour pouvoir y circuler librement, sans heurter les plantes en état de végétation ; la serre sera à deux pentes, cette disposition étant plus favorable pour la répartition égale de la lumière.

La porte sera pratiquée au midi, pour empêcher l'air froid de pénétrer avec trop d'abondance.

Il sera ménagé une ouverture dans le mur du nord, au centre de sa hauteur, pour pouvoir, au besoin, établir un courant d'air.

Avec une serre construite dans ces conditions, la réussite est facile et certaine, les horticulteurs et amateurs étant familiarisés avec ces genres de constructions, je ne m'étends pas davantage sur ce sujet.

Chapitre VI

Du Débourrage

On nomme ainsi l'action d'éclosion des bourgeons qui donnent ensuite naissance aux feuilles, aux branches et aux fleurs.

Comme la culture en vase, et particulièrement celle-ci, n'emploie pour réussir que l'application des causes naturelles résultant de leur combinaison, de nombreuses observations recueillies sur la manière de vivre des végétaux, il en résulte qu'au moment où la sève se met en mouvement, l'apogée de sa circulation a toujours lieu pendant la période nocturne du temps, et la nature, dans ses conceptions grandioses, semble nous frapper davantage, en disposant au printemps ces immenses nappes de nuages qui s'étendent du pôle à l'équateur, et tamisant la lumière, la rendent diffuse et alternée. Aussi, voyez quel essor ! vous vous couchez le soir en regardant le lilas ou le rosier, et à votre réveil vous être surpris de les voir couverts de bourgeons.

Réunissons en méthode précise ces faits observés : Créons en tout temps à la fleur que nous cultivons un atmosphère artificiel, ayant les mêmes bases que celles de la nature dans ses effets les plus favorables à la végétation, et nous aurons résolu la plus grande partie du problème de la culture intensive.

Le débourrage exécuté à froid dans une serre ou une bâche est préférable. Il faut disposer ses vases sur les tablettes de la serre ou sur le sol de la bâche, après l'avoir garni d'une couche de terre franche, plutôt argileuse que sablonneuse pour empêcher la dessiccation de la terre des vases , attendu que les terres argileuses ont la propriété naturelle de retenir plus longtemps l'eau que celles à bases sablonneuses. De plus , cette couche de terre favorise la mise d'aplomb des vases. Les disposer en échiquier et ne pas trop les serrer les uns contre les autres, en tenant compte de la dimension que les plantes pourront acquérir étant développées.

Ces dispositions prises, procéder à un ou deux arrosements copieux et successifs, de manière à imprégner fortement la terre des vases et, de plus, favoriser la dissolution des différents engrais qu'elle contient ; tenir les plantes constamment bassinées à l'aide d'une seringue à grille ou d'un arrosoir muni de sa pomme. Après cela, couvrir les châssis de paillassons ou de détritus de végétaux ; enfin, des matières dont on pourra disposer.

Par économie, il est préférable d'employer les détritus, tels que grabeaux de blé ou litière sèche et feuilles d'arbres ; attendu que l'évaporation produite à travers les châssis consumerait trop vite les paillassons, ce qui deviendrait trop coûteux, en raison des minces bénéfices de l'horticulteur.

Je préfère que le débourrage s'opère à froid, pendant au moins huit jours, parce qu'en étant plus lent, il est plus certain pour la totalité des yeux. Si, eu égard à la saison, on était trop pressé, en calculant l'époque où les plantes doivent être fleuries, ce qui a lieu habituellement dans une période de quarante jours, pour les mettre en vente à la veille d'une fête ou pour débarrasser une serre pour faire place à d'autres plantes, on chaufferait immédiatement, en ayant soin, pendant la première huitaine, de ne pas dépasser quinze degrés centigrades. Redoubler de surveillance pour les bassinages, de manière que les branches soient toujours munies de gouttelettes d'eau formant rosée, ce qui favorisera l'alimentation des yeux. Cet excès d'humidité est indispensable pour la nutrition du végétal, qui ne s'alimente pas encore par les racines. Il est parfaitement compréhensible que, sous l'action du calorique résultant du chauffage, l'évaporation de l'eau se produit d'une manière d'autant plus rapide que la température est plus élevée.

Comme huit jours de ce traitement ont suffisamment produit l'effet utile du débourrage dans l'obscurité, et qu'en prolongeant trop cet état, il pourrait se produire une altération sur les yeux faibles principalement et les étioler dans leur formation, il importe d'enlever les couvertures de dessus les châssis pour donner de la lumière aux plantes, et établir leur solidification par un courant d'air, toutes les vingt-quatre heures, en ouvrant simultanément la porte et l'ouverture située au nord de la serre, tous les matins, pendant environ une heure, quelle que soit la température au dehors.

Cette opération a pour but de reposer le végétal d'abord, en favorisant la condensation des parties liquides que le végétal a absorbées, par l'élasticité de ses molécules, pendant la période de dilatation causée par la présence du calorique, et l'excessive absence de la lumière, que les couvertures mises sur les châssis, pendant les premiers jours, pour l'empêcher de pénétrer dans la serre.

Cette fixation produite par l'air froid correspond parfaitement aux conditions normales, diurnes et nocturnes, établies par la nature pour tout ce qui vit et respire.

S'il n'est pas permis à l'homme de saisir tous les secrets de la nature dans son ordre admirable, nous pouvons néanmoins ,à force d'observations, en pénétrer quelques-uns, qu'elle nous offre dans son maximum de développement. C'est pour nous la pierre d'achoppement, en comparant l'être de même espèce dans sa situation minima et maxima : il est toujours facile en culture de saisir le pourquoi; et l'on voit que dans l'état maxima, le rosier ne doit son exubérance continuelle de santé qu'à la présence de l'humidité.

Aussi, dans cette culture pour ainsi dire toute artificielle, rien de plus facile que de la donner surabondamment dans une serre.

Pour le calorique, les appareils modernes peuvent suppléer au calorique naturel produit par le soleil qui, ne nous privant pas absolument de la visite de ses rayons, même dans la saison la plus rigoureuse, compense par son apparition ce que le calorique artificiel a de défectueux.

Il est à peu près établi que les rayons solaires transportent, comportent et analysent par leur puissance une quantité de forces, la plupart inconnues à l'homme, mais dont les effets sont immédiats sur la végétation. C'est pourquoi je conseille de supprimer la lumière au moyen d'un artifice de couverture pendant la première période de développement des bourgeons, pour obtenir dans un espace de temps très court l'effet nocturne qui se produit dans la culture à l'air libre, dans un délai plus grand, sous l'action alternée des périodes nocturnes et diurnes.

Une fois leur complète éclosion obtenue, on supprime la couverture, comme je l'ai dit plus haut, et on aère pendant la seconde huitaine, trois fois par jour au lieu d'une, pour solidifier activement la végétation au fur et à mesure qu'elle se produit. Continuer les arrosements copieux de manière que la terre des vases soit toujours à l'état boueux. Espacer suffisamment de nouveau les vases avant la formation des boutons, pour que l'air circule facilement entre eux.

Retourner de temps en temps les plantes pour leur faire prendre une forme sphérique parfaite, ce qui en favorise la vente et équilibre aussi la végétation, parce que parfois quelques branches tendent à se jeter de côté, sous l'influence de l'inclinaison des verres de la serre qui les attirent.

Éviter les coups de soleil sur ces bourgeons tendres, non pas en ombrant, mais en renouvelant plus souvent les courants d'air, ce qui empêche les molécules aqueuses condensées sur les feuilles de réfrigérer les rayons solaires et de les brûler par cet effet d'optique.

Augmenter la chaleur progressivement jusqu'à 40 degrés centigrades et surtout le jour, car, par ce moyen, on obtient la dilatation du végétal pendant la période diurne et sa condensation pendant celle nocturne, ce qui concorde parfaitement avec l'abaissement de la température. En outre, c'est plus économique, car malgré la perfection des appareils de chauffage, on ne pourra jamais obtenir une température élevée pendant la nuit, qu'à grands frais, ce qui est nuisible en contrariant l'ordre de la nature; tandis, que dans le jour, en combinant les effets du chauffage à l'élévation de la température ambiante, on obtient facilement le maximum de calorique nécessaire pour le développement le plus rapide de la plante; seulement, il y a à observer que pendant la formation des boutons, il faut donner un peu moins d'air, parce que le travail de la formation inflorescente s'opère sous la puissance intensive exagérée, et que les follicules composant la substance interne des fleurs ne soient pas arrêtées par une perturbation de température trop brusque, qui provoque, dans beaucoup de cas, la chûte des boutons qui jaunissent d'abord et tombent ensuite.

Cet effet provient du ralentissement de la circulation de la sève, qui n'est pas retenue dans les parties inflorescentes de la plante par suite du manque d'organes pondérants, terme du reste assigné à cet état par l'organisation physique de la plante.

Dans le cas où la température du dehors serait par trop basse, ce qui serait un empêchement à la suppression de l'air pendant la période florale, j'ai eu recours souvent à un moyen peu coûteux : je donne de l'air comme d'habitude et je bassine souvent avec de l'eau tiède l'extrémité des plantes, car l'eau tiède étant bon conducteur du calorique, l'extrémité de la plante en étant constamment imprégnée, je lui crée un atmosphère favorable pour la formation des boutons.

Il arrive aussi quelquefois que la partie florale de la plante n'absorbant pas suffisamment à son profit l'excès de sève produit par ce traitement, ce manque d'absorption fait naître des branches gourmandes qu'il faut conserver en ayant soin de les pincer, si leur vigueur s'emparait de la sève avec trop d'énergie, au détriment de la production florale : fait que l'on observe facilement à la lenteur du développement que subissent les boutons dans leur formation.

Il faut éviter de déranger la plante pendant cette période, car, malgré la prudence d'un dérangement quelconque, il y aurait trouble dans la position des différentes parties de la plante.

L'inflorescence obtenue et développée se voit parfaitement à l'entière formatiou des cépales entourant le calice, et laisse déjà apercevoir la première coloration des pétales composant la fleur.

Continuer l'arrosage du pied avec excès, c'est le moment où la plante dépense le plus.

Aérer davantage pour durcir la plante et lui créer une atmosphère en rapport avec celle du dehors qu'elle pourra supporter sans se faner, quand on la mettra en vente sur les marchés, et de plus, c'est le moment où elle a le plus besoin d'air et de lumière, pour que la fleur se colore de la manière la plus intense, suivant sa variété.

Ne bassiner la plante dans cet état que suivant son degré d'avancement floral, juste assez pour accomplir l'acte de nutrition aqueuse nécessaire à cet état partiel, comme je l'indique plus haut.

Par exemple, une plante fleurie, dans son état normal avec ses fleurs veloutées, avec cet art capricieux que la nature seule présente ; ces fleurs soumises à l'influence d'une pluie abondante, ou seulement à la présence de la vapeur d'eau répandue sous forme de brouillard dans l'atmosphère, les coloris de ces fleurs sont vite transformés et disparaissent sous le contact de l'humidité prolongée et l'alternance brusque des rayons solaires qui condensent l'eau en gouttelettes et détériorent les parois des pétales par l'action de leur réfrigérence.

Si la floraison avait lieu un peu avant le besoin de la vente, on retirerait les plantes fleuries, au fur et à mesure de leur avancement, et on les placerait dans une serre froide, bien aérée ; dans cette condition, es plantes resteraient forcément dans un état latent qui retarderait la floraison de quelques jours, ce qui empêcherait la perte de plantes obtenues à grands rais et dont il importe de tirer parti.

Chapitre VII

Composition de l'Engrais liquide

Comme cette alimentation excessive, au moyen de l'humidité, et les arrosements successifs produisent par les lois de la pesanteur, un lessivage pour ainsi dire complet des parties solubles contenues dans la terre du vase, d'abord en entraînant une grande partie des engrais en dehors du vase par son orifice inférieur, et aussi par suite de l'absorption de la plante

Il importe de restituer à cette terre, en même temps que la dépense, toute sa force végétative, au moyen de l'engrais liquide dont la formule suit :

Fumier de cheval bien pourri et saturé d'urine . .   1 balle.
Colombine . . . .   5 k.
Cornaille en éclats . . . .   5 k.

Sel marin . . . . 1 k.
Terre grasse (argile) . . . . 1/2 balle
Carbonate de chaux. . . . . 1 k.
Os en poudre. . . . . 3 k.
Charbon de bois pulvérisé . . . . 3 k.
Sable fin de rivière. . . . . 1/2 balle.
Sulfate de fer. . . . . 0 k. 500
Cendres de bois . . . . 2 k.
Eau . . . . 300 litres.

Il faut disposer dans la serre un tonneau ou récipient quelconque, pouvant contenir les substances ci-dessus désignées ; on les mêle jusqu'à solution parfaite en les remuant souvent, et principalement au moment de s'en servir ; on y ajoute de l'eau au fur et à mesure, pour ne pas affaiblir le mélange.

La quantité indiquée des substances étant renouvelée par moitié et l'eau suivant les besoins, peut suffire pour cultiver 500 rosiers.

Ne jamais employer ce liquide qu'après avoir copieusement arrosé les rosiers. On peut l'administrer tous les huit jours, en ayant bien soin de le brasser chaque fois, pour tenir en suspension les substances qui composent l'engrais.

Si la disposition de la serre où il est destiné à être employé ne permettait pas d'y placer le tonneau, il faudrait le mettre dans un endroit abrité, ayant la même température que la serre, pour qu'il acquière

le même degré ; et s'il y avait impossibilité, on cou-
vrirait le tonneau de paillassons, de manière à le
garantir de l'action du froid ; mais ,dans ce dernier
cas, pour pouvoir se servir de cet engrais, il faudra
y joindre la quantité d'eau bouillante nécessaire pour
le ramener au même degré de chaleur que la serre,
ce dont on s'assure en plongeant un thermomètre
dans le liquide.

Comme cet engrais est essentiellement caustique,
il faut arroser de nouveau peu de temps après l'opération, et comme il est presque impossible d'arroser
les vases sans atteindre les feuilles des plantes ,
attendu que l'engrais est boueux et contient des
éléments échauffants qui restant sur les feuilles les
brûleraient, il faut toujours aussitôt l'opération ter-
minée, donner un bassinage aux plantes, ce qui a
pour but le nettoyage prescrit ; ensuite humecter
d'une manière uniforme toutes les parties du végétal,
afin qu'aucune réaction ne s'opère en lui et ne
trouble ses fonctions normales.

Chapitre VIII

De la composition de la Terre

La terre que je propose doit être plutôt argileuse que sablonneuse, et celle graveleuse ne peut être employée, car elle est contraire à ce principe de culture, qui ne met en présence du végétal que ce qui est susceptible d'être absorbé par lui.

Le plus simple raisonnement démontre d'une manière certaine qu'un gravier des dimensions les plus exiguës ne peut être absorbé par la plante ; mais comme dans la pratique horticole, le temps manque souvent pour se procurer une autre terre que celle qu'on a dans son jardin, quoique étant graveleuse, si elle est assez argileuse on peut l'employer en la tamisant, moyen qu'on fera bien d'employer pour toutes les qualités de terre, malgré qu'elle paraisse d'une extrême ténuité.

Le temps consacré au criblage est avantageuse-ment compensé en permettant d'éliminer les insectes et larves de vers qui peuvent être contenus dans certaines terres, et qui plus tard feraient un ravage considérable dans les vases, d'où il serait difficile de les chasser.

La composition des terres est si variée, si multiple, qu'il importe pour obtenir un bon résultat de choisir de préférence les terres neuves qui n'ont pas été modifiées trop sensiblement par les amendements successifs d'une longue culture, lesquelles terres ne sont pas favorables au rosier qui placé dans ces conditions de la culture à l'air libre, y dépérit promptement.

Dans le cas où la qualité de terre franche dont on disposerait serait trop sablonneuse, on y ajoute de l'argile en quantité suffisante pour la ramener à l'état moyen ; si au contraire l'argile dominait par trop, on y remédierait en y ajoutant du sable.

Elle se compose de la façon suivante :

Terre franche naturelle ou modifiée par moitié.
Terreau de couche ou de détritus végétal, tel que feuilles d'arbres, raclures d'allées, herbes parfaitement consommées, un quart ; l'autre quart se com-

pose, par parties égales, des substances suivantes :

Cornaille en poudre.	(partie égale)
(1) Sable marneux préparé.	id.
Charbon de bois tendre pulvérisé	id.
(2) Tronçons d'éponges brutes.	id.

Cette addition d'éponges ou de jonc est faite pour créer dans la terre des cavités capillaires où l'engrais liquide administré aux plantes se réunit et s'emmagasine ; et j'ai observé que les spongioles ou petites racines se réunissaient avec avidité dans ces petits réservoirs factices, et puisaient sans interruption les principes nécessaisses à leur élaboration. Lesdites racines n'étant pas obligées de faire un effort pour ainsi dire mécanique de perforation pour arriver à se procurer ce qui leur est nécessaire. Car chaque corps ou partie de corps est pourvu d'un instinct propitiatoire qui dirige les besoins de la satisfaction de sa nature.

---

(1) Le mêler avec du sang de bœuf ou autre animal, que l'on trouve à bon compte aux abattoirs ; il demande à être préparé d'avance et mis à l'abri de la pluie.

(2) Par économie, on peut leur substituer, comme étant moins dispendieux, des tronçons de jonc de tonneliers, coupés menus.

Ce phénomène en végétation est facile à observer. On voit en arrachant des arbres sur un sol rocailleux ou aride, que leur alimentation, qui souvent a déterminé une allure luxuriante, est fournie par un sol voisin, et que la racine, qui a été le collecteur des principes végétatifs, a souvent perforé un mur ou glissé péniblement à travers les interstices d'un rocher ou d'un amas de pierres quelconques. Si nous ne pouvons pas expliquer le pourquoi d'une affinité semblable et la raisonner dans ses causes sans risquer de tomber dans l'hypothétique et l'inconnu, au point de vue théorique;

La pratique, qui nous montre la nature étudiée dans ses mouvements, nous est un guide sûr d'imitation dans la mesure de nos connaissances ; et d'observations en observations, on arrive à la conduire, à la rendre tributaire de nos besoins.

Il importe que cette terre soit préparée au moins trois mois d'avance et mise à l'abri sous un hangar, après l'avoir mêlée soigneusement à la pelle, et la remuer de nouveau, deux ou trois fois dans cet intervalle, pour bien compléter le mélange.

Etant à l'abri, elle est dans un état de sécheresse convenable pour opérer le rempotage, comme il a été dit au chapitre III.

S'il y avait un excès de sécheresse qui s'opposât au tassement prescrit, on y remédierait en ajoutant la quantité d'eau nécessaire ou d'engrais liquide qui ne fait qu'augmenter la fertilité de la terre ; mais dans ce cas, si on l'employait immédiatement, il faudrait arroser de suite les plantes, pour que le contact de cette terre remplie de ferment n'agît pas avec causticité sur les racines en les brûlant, ce qui contrarierait la réussite, et on serait porté quelquefois à l'attribuer à d'autres causes. En un mot, cette composition réunit tout ce qui est nécessaire pour obtenir de beaux rosiers, si l'on a soin d'observer les conditions indiquées pour son emploi.

CHAPITRE IX

Des maladies du Rosier et des insectes nuisibles à son développement

La culture intensive est un palliatif énergique
contre les maladies organiques du rosier ; elle déve-
loppe par sa puissance toute l'énergie vitale dont la
plante est susceptible dans la mesure des lois de la
nature, car il n'a échappé à aucun observateur sur
la physiologie végétale, que l'état maladif est presque toujours causé par une perturbation des fonctions
nutritives du végétal, dans une de ses parties, soit
souterraine, soit aérienne, par une viciation de l'atmosphère ambiant qui comporte, dans sa composition, des gaz caustiques qui, par leur action, por-
tent des désordres sur la nature végétale, et ces causes

sont si nombreuses, qu'il est impossible à l'homme de s'en rendre compte efficacement.

Il ne s'aperçoit malheureusement trop souvent que des effets produits, qui mettent à néant le travail horticole accumulé de plusieurs années, et dans beaucoup de cas prennent la gravité de calamité publique, si l'atteinte a lieu sur des végétaux servant à notre alimentation.

La partie aérienne de la plante est souvent maladive à cause d'insectes qui vivent et meurent sur le végétal, d'après les lois créatrices de la nature, car tous les êtres organisés ont un ou plusieurs parasites qui vivent dans un milieu spécial déterminé où ils se nourrissent à son détriment.

Sous la forme ovipare, ils créent souvent de grands dommages par les sécrétions qui emprisonnent le végétal dans une de ses parties ; le désordre causé est plus grand, quand le dépôt ovipare a lieu dans la partie interne du sujet par la perforation de l'épiderme exécutée par les parents de l'insecte.

Quand l'insecte entre dans la période vivipare, le dommage causé est souvent irrémédiable, si on n'applique à temps les insecticides employés habituellement, car obligé de se nourrir de la plante, il la parcourt en tous sens et ne s'attaque qu'aux parties tendres qui sont vite détruites.

La partie souterraine est aussi attaquée par de nombreux insectes tels que larves de hannetons et vers de différentes espèces. Pour le sujet qui nous occupe, un des moyens les plus sûrs pour s'en débarrasser est d'être sévère pour le criblage de la terre que l'on emploiera.

J'indique à la fin du présent chapitre plusieurs formules propres à combattre les différents cas indiqués précédemment et qui ont toujours réussi dans ma pratique.

Le rosier est souvent atteint de l'oïdium (ou blanc). Je combats cette affection par le souffre sublimé ; employé au moyen d'un soufflet qui le disperse autour de la plante et le fait répandre plus facilement sur toutes ses parties ; car, d'après les observations que j'ai faites, il résulte : que le souffre ne détruit l'oïdium qu'en raison de son extrême ténuité plutôt qu'à cause de sa composition chimique ; plusieurs fois, je l'ai également détruit avec d'autres substances poussiéreuses tamisées finement, telles que plâtras, poussière de chemin, chaux hydratée, etc., mais comme ces substances sont par trop salissantes, je préfèie le souffre qui possède les mêmes qualités préservatrices et curatives, et n'a pas les mêmes inconvénients.

La chlorose ou jaunisse. — Je ne parle de cette maladie du rosier que pour mémoire ; si elle est causée par le ravage d'une larve d'insecte qui a coupé les principales racines de la plante. Dans ce cas, il faut procéder au dépotage pour rechercher la larve et la détruire.

Le cas de chlorose par épuisement ne pouvant avoir lieu si on suit ma méthode, je ne recommande pas le moyen qui est d'enrichir la terre et de la fertiliser par des engrais.

Si l'état chlorotique résultait de la trop grande opacité du temps, comme il arrive souvent en hiver par la présence des brouillards, (cas peu dangereux puisqu'il n'est qu'intermittent), la première apparition du soleil fera disparaître la cause et l'effet, en peu de jours. Si, cependant, il y avait persistance, l'on ne ferait qu'augmenter par fractions de 100 grammes dans tous les arrosages, le sulfate de fer contenu dans l'engrais liquide, et les plantes reprendraient vivement leur teinte verte primitive.

Le coupe-bourgeons est aussi un des plus terribles ennemis du rosier, d'autant plus qu'il commence son œuvre de destruction aussitôt son éclosion, et sous un volume ne dépassant guère celui d'une puce, ce qui fait que dans cet état il passe longtemps inaperçu. Ce n'est que par les ravages qu'il a causés que l'on devine sa présence, il est pourvu d'une matière agglutineuse résultant de ses sécrétions ; il enroule les feuilles, les transperce et les quitte pour se transporter sur d'autres feuilles ou boutons ; ses ravages sont tellement rapides qu'en moins d'un jour la plante qu'il envahit périclite.

Je ne connais qu'un moyen de combattre cet insecte, c'est de lui faire une chasse active et de l'écraser. S'il est enroulé dans les feuilles, on le détruit en le piquant avec une épingle, pour ne pas augmenter le mal en écrasant la feuille.

Voulant rechercher un moyen plus efficace de destruction de ce dangereux ennemi, voici ce que j'ai pu observer : il serait le produit d'un œuf de mouche déposé dans un repli de feuille où il éclôt, et de là fait ses ravages; pour m'assurer autant que possible de la réalité, j'ai pris plusieurs de ces mouches, et après les avoir trempées dans du bleu de Prusse pulvérisé, je les ai remises en liberté et j'ai reconnu bientôt que partout où naissait un coupe-bourgeons, les feuilles étaient teintes de bleu.

Je résolus alors de faire la chasse à la mouche, chose très facile : je dispose donc dans la serre un certain nombre de fioles ou bouteilles, à demi remplies d'eau miellée. Ces mouches attirées par le miel, entrent dans les bouteilles et y sont retenues par les parties agglutineuses du miel, et là, on les détruit aisément.

Les pucerons sont aussi de grands ennemis de la végétation, et leur immense fécondité fait qu'ils se propagent avec une effrayante rapidité, ils ont d'abord asphyxié la plante sous leurs étreintes nombreuses ; de plus, d'après leur organisation, ils sont munis d'un suçoir perforateur qu'ils implantent dans le végétal, pour en soutirer les sucs nécessaires à leur nutrition.

Leur destruction est facile par deux moyens qui réus-
sissent également.

Le soir, prendre un petit réchaud, le garnir de
charbons de bois, l'allumer et mettre dessus une
certaine quantité de tabac, qui, en brûlant, produit une fumée épaisse qui asphyxie l'insecte.

Le deuxième moyen consiste à employer en bassinage une infusion de tabac, ou une très petite
quantité de nicotine étendue d'eau.

Je préfère le moyen par la fumigation parce qu'il
ne laisse aucune trace sur les feuilles, tandis que
l'autre leur donne souvent une teinte brunâtre qui
disparaît difficilement, et nuit à **la beauté de la**
plante.

NOMENCLATURE

Des différentes espèces de Rosiers

AUXQUELS MA MÉTHODE A ÉTÉ APPLIQUÉE AVEC SUCCÈS

HYBRIDES REMONTANTS

Alexandrine Bachemetieff. — Arbrisseau très-vigoureux, fleur grande, pleine, bien faite, rouge très-vif.

Anna de Diesbach. — Arbrisseau très-vigoureux, fleur très-grande, rose carminé, nuance argentée.

Baronne Prevost. — Arbuste très-vigoureux, fleur très-pleine, rose vif satiné.

Cardinal Patrizi. — Arbuste très vigoureux, fleur grande, pleine, rouge vif, nuance cramoisi foncé.

Docteur Arnal. — Arbuste très-vigoureux, fleur moyenne, pleine, rouge vif, forme renoncule.

Docteur Hénon. — Arbuste très-vigoureux, fleur grande, pleine, blanc légèrement nuancé soufre au centre.

Duchesse de Cambacérès. — Arbuste très-vigoureux, fleur pleine, bien faite, rose vif nuancé.

François Lacharme. — Arbuste vigoureux, fleur grande, pleine, globuleuse, carmin vif passant au rouge.

Géant des batailles. — Arbuste vigoureux, fleur grande, pleine, bien faite, rouge vif éclatant.

Général Jacqueminot. — Arbuste très-vigoureux, fleur très-grande, globuleuse, rouge éblouissant.

Général Washington. —Arbuste vigoureux, fleur très-grande, pleine, rouge vif éblouissant.

Jules Margottin. — Arbuste très-vigoureux, fleur grande, pleine, imbrigure rouge cerise vif.

La Reine. — Arbuste très-vigoureux, fleur très-grande, globuleuse, rose liliacée, belle forme (1).

------

(1) Cette seule variété formait le lot de mon exposition au concours.

Léonie Verger. — Arbuste de moyenne vigueur, fleur moyenne, pleine, rose vif.

Madame Laffay. — Arbuste très-vigoureux, fleur grande, pleine, rose vif carminé.

Mère de saint Louis. — Arbuste vigoureux, fleur grande, pr. pleine, blanc rosé.

Polybe. — Fleur moyenne pleine, lilas pâle, centre rosé.

Souvenir de la reine d'Angleterre. — Arbuste très-vigoureux, fleur très-grande, beau rose vif.

Sonvenir de Lewesson Gower. — Arbuste trés-vigoureux, fleur grande, pleine, rouge rubis.

Virginale. — Arbuste de moyenne vigueur, fleur moyenne, pr. blanc, fleur blanc pur.

ROSIERS PERPÉTUELS

Bernard. — Fleur moyenne, pleine, rose très-frais.
Rosiers du roi. — Arbuste vigoureux, fleur moy., pleine, rouge vif.

ROSIERS THÉ

Bougeres. — Arbuste vigoureux, fleur très grande, pleine, rose hortensia.

Canari. — Arbuste vigoureux, fleur moyenne, jaune canari.

David Pradel. — Arbuste vigoureux, fleur très-très grande, rose clair. ·

Eugénie Desgaches. — Fleur grande, pleine, bombée, rose tendre.

Gloire de Dijon. — Très-vigoureux, fleur très-grande, très-pleine, jaune.

Madame Damaisin. — Arbuste vigoureux, fleur grande, pleine, carnée saumonée.

Madame Falcot. — Vigoureux, fleur moyenne, en grappes, presque pleine, jaune nankin.

Mélanie Villermoz. — Fleur grande, pleine, blanc nuancé.

Safrano. — Vigoureux, fleur moyenne, jaune clair.

Triomphe de Guillot fils. — Fleur très-grande, pleine, blanc rose nuancé aurore.

ROSIERS ILE BOURBON

Comtesse de Barbantanne. — Fleur moyenne, pleine, globuleuse, cerise saumoné.

Hermosa. — Arbuste vigoureux, fleur moyenne, pleine, rose, propice pour massifs.

Louise Odier. — Très-vigoureux, fleur moyenne, pleine, belle forme, beau rose frais.

La reine des iles Bourbon. — Fleur moyenne, pleine, carné saumoné.

Souvenir de la Malmaison. — Très-vigoureux, fleur très-grande, pr. blanc carné.

Victor-Emmanuel. — Fleur moyenne, rouge cramoisi vif foncé, nuancé de rouge.

ROSIERS NOISETTE

Aimé Vibert. — Vigoureux, fleur moyenne, pleine, blanc pur.

Caroline Marnies. — Vigoureux, à fleur moyenne, pleine, blanc carné.

3

Cromatella. — Arbuste très-vigoureux, fleur très-grande, pleine, beau jaune.

Lamarque. — Vigoureux, fleur grande, pleine, blanc soufré.

Triomphe de la Duchère. — Vigoureux, fleur moyenne, pleine, rose tendre.

ROSIERS BENGALE

Cramoisi supérieur. — Rouge cramoisi vif, bien florifère.

Cerise. — Rouge cerise, propice pour bordure.

Ordinaire. — Rose vif, propice pour la fleur, coupée précoce.

Lawranceana. — Rose tendre, petite fleur bien florifère et propice pour bordure.

NOTA. — Toutes les variétés de rosiers non remontants, tels que Cent feuilles et mousseuses, ont parfaitement réussi, et l'ampleur de leur floraison était remarquable ; seulement, pour ces variétés, il faut très peu tailler, car elles sont généralement moins prolifiques que les variétés remontantes.

Je dirai plus : par ma méthode, en observant les conditions voulues, on peut forcer toutes les espèces.

Je ne donne pas d'indications sur un plus grand nombre de

variétés, ce qui serait tout-à-fait inutile , vu que le choix que j'indique comporte, par sa composition, les caractères les plus variés et les plus disparates, soit comme genre ou disposition de couleurs et de vigueur des sujets.

Tous les amateurs et horticulteurs trouveront du reste chez les spécialistes de rosiers, de quoi faire un choix avantageux ; car leurs catalogues contiennent un grand nombre de variétés très méritantes, qui peuvent amplement les satisfaire sous tous les rapports de perfections voulues, spécialement sur le prix de revient qui est actuellement dans des conditions exceptionnelles de bon marché, et notamment les horticulteurs spécialistes de la région lyonnaise, qui se sont distingués par les gains variés et méritants qu'ils ont mis et continuent à mettre chaque année dans le commerce, ce qui fait dire avec beaucoup d'à-propos que Lyon est la patrie des roses.

Comme la production du calorique à bon marché est une chose indispensable pour pratiquer la culture que j'indique, je ne laisserai pas passer l'occasion favorable que j'ai de recommander le système de chauffage, (Thermosiphon), construit par M. Pique , à Lyon, rue Servient, 101 , (avec la gravure ci-contre), lequel réunit les conditions de simplicité nécessaires aux cultivateurs, d'un établissement peu coûteux et produisant le maximum de calorique qu'il est permis d'obtenir avec les différents systèmes de Thermosiphons.

Son volume, y compris son entourage en maçonneries de briques, fait qu'il est d'un placement facile sur l'un des côtés de l'entrée de la serre, sous la tablette, où il ne prend aucune place utile pour les plantes, car il est mi-partie enterré et le niveau supérieur de l'appareil ne dépasse jamais un mètre d'élévation, même dans les numéros de forces supérieures, que cet habile constructeur fabrique sur la demande des amateurs dont les serres sont d'une grandeur exceptionnelle.

De plus, les nombreux appareils que M. Pique a placés chez plusieurs horticulteurs recommandables de la ville de Lyon, et dont les attestations suivent, sont un sûr garant pour que toutes les personnes qui s'adresseront à lui soient satisfaites sous tous les rapports concernant son art.

Je soussigné certifie que le sieur Antoine Pique m'a construit plusieurs appareils de chauffage pour serres, en 1869.

Depuis cette époque, ils ont très-bien fonctionné et ont obtenu de très-bons résultats.

Lyon, le 7 mars 1872.

DAMAIZIN,

Horticulteur à Lyon.

Je déclare avoir fait confectionner au sieur Pique un appareil de chauffage dit Thermosiphon, année 1868, et en avoir été entièrement satisfait sous tous les rapports, jusqu'à ce jour.

Ledit Thermosiphon m'a paru supérieur comme économie de combustible et comme chauffage à tous autres systèmes.

Lyon, le 28 février 1872.

LAPENTE,

Horticulteur à Montplaisir.

Je soussigné déclare avoir fait exécuter, par M. Antoine Pique, un chauffage pour serre, genre Thermosiphon, et avoir été très satisfait de la confection du dit chauffage sous tous les rapports qui font l'avantage de ce système.

SCHMITH,

Horticulteur à Vaise (Lyon).

Note de M. Pique.

—

Dans mes rapports avec plusieurs horticulteurs relativement à des travaux de chauffage de serre, j'ai été à même d'apprécier et de juger le résultat obtenu par les différents systèmes en usage. J'ai cru devoir sortir du préjugé adopté jusqu'à ce jour, qu'il était utile pour bien chauffer une serre d'avoir des appareils d'une complication énorme, et par conséquent d'un prix en proportion. Je me suis appliqué au contraire à simplifier mon appareil et à l'établir le plus économiquement possible : ce qui est indispensable pour l'horticulture, tout en conservant les avantages connus des appareils compliqués.

Je crois avoir réussi amplement, car avec le peu de volume de mon appareil, il possède une surface de chauffage énorme, comparativement à ses dimensions, sa dépense en combustible est sans comparaison avec les autres systèmes qui ont des foyers en proportion de leur grosseur, tandis que dans le mien les dispositions prises pour sa construction utilisant tout le calorique produit par le combustible, permet d'en économiser une grande partie.

J'ai adopté pour façade une plaque de fonte servant de bâtis pour le gueulard et les ramoneurs, et légèrement ornée, ce qui est plus gracieux que la maçonnerie et craint moins les dégradations, et de plus cette plaque ne faisant pas partie intégrante de la chaudière, aucun accident n'est à craindre par suite de dilatation sur les différentes parties de l'appareil qui est construit en cuivre, cas qui s'est présenté assez souvent et qui le met hors de service au moment où on peut en avoir le plus besoin.

Pour traiter, je prie MM. les horticulteurs et amateurs de me demander par la poste, par lettre affranchie, mon prix courant qui leur sera adressé franco, et je traiterai de gré à gré pour les appareils de grande dimension.

Parmi les nombreux appareils modernes appliqués à l'horticulture, aucuns ne sont d'une si grande utilité que ceux destinés à l'extraction économique de l'eau, base primitive de toute culture.

L'extraction économique de l'eau étant d'une utilité incontestable pour la culture, au premier rang des ingénieuses applications de la mécanique figure la pompe Manège, (brévetée), de M. Delaquis, constructeur-mécanicien à Lyon, cours de Brosses.

Cet habile mécanicien a su concevoir et réunir dans le même appareil Manège, avec traction motrice (cheval ou âne), une pompe à double effet, ce qui permet d'obtenir un jet d'eau continu et de l'extraire à toute profondeur.

L'appareil est établi directement sur le puits d'où l'eau est extraite et d'un cylindre, tôle ou fonte, faisant partie intégrante du bâtis, sert de réservoir, et, par sa position élevée à volonté au-dessus du sol, permet la distribution à loisir dans le jardin, avantages que n'offraient point les anciens systèmes de manége.

M. Delaquis a eu l'heureuse idée de rendre sa pompe-manège parfaitement maniable, même par un enfant, au moyen d'un débrayage instantané, ménagé sur l'arbre de couche que l'on pousse au moyen d'un coulisseau en fer, ce qui permet de se servir immédiatement de l'appareil en tournant à la main une petite roue-volant qui se trouve placée à l'autre extrémité de l'arbre de couche.

Aussi, un appareil conçu et exécuté avec les proportions de solidité et d'élégance qui caractérisent les produits sortant de l'usine de M. Delaquis, n'a pas tardé à jouir d'une préférence marquée sur les appareils similaires, et les nombreuses médailles décernées à leur auteur dans les différentes expositions horticoles et agricoles, ont consacré le progrès qu'il avait fait faire de l'application de la mécanique à l'extraction économique de l'eau.

Toutes les personnes qui s'occupent de culture, soit agricole ou horticole, trouveront dans l'établissement de M. Delaquis, à des prix modérés, plusieurs systèmes d'appareils pour la grande et la petite culture, tels que hache-paille, coupe-racines, pressoir à huile, pressoir à vin, etc., etc., tous construits avec la perfection spéciale qui distingue tous ses produits.

APPAREIL DE M. PIQUE

Un dixième de sa grandeur

(DÉPOSÉ)